土木建筑大类专业系列新形态教材

室内马克笔手绘效果图快速表现技法
（第二版）

孙凤玲　薛　欢　主　编

U0286193

清华大学出版社

北京

内 容 简 介

　　本书共 4 篇，每篇都从理论、方法、应用三个层面讲解马克笔的表现技法，并重点讲解室内手绘效果图的难点。本书理论讲解通俗易懂、表现方法简单直观、范图富有代表性，内容由浅入深、循序渐进，便于学生快速掌握马克笔的使用方法，激发学生的学习热情与主动性。本书编者都是多年在一线从事教学工作的教育者，内容以培养技术型、技能型、应用型人才的目标为出发点，注重理论与实践相结合，提升学生的表现力与创造力。

　　本书既可以作为教材使用，也可以作为行业爱好者的自学辅导用书。

图书在版编目（CIP）数据

　　室内马克笔手绘效果图快速表现技法 / 孙风玲，薛欢主编 . —2 版 . —北京：清华大学出版社，2023.5（2024.12重印）

　　土木建筑大类专业系列新形态教材

　　ISBN 978-7-302-63083-8

　　Ⅰ . ①室… 　Ⅱ . ①孙… ②薛… 　Ⅲ . ①室内装饰设计 – 绘画技法 – 高等学校 – 教材 　Ⅳ . ① TU204.11

　　中国国家版本馆 CIP 数据核字 (2023) 第 045012 号

责任编辑：杜　晓
封面设计：曹　来
责任校对：李　梅
责任印制：沈　露

出版发行：清华大学出版社
　　　　网　　　址：https://www.tup.com.cn, https://www.wqxuetang.com
　　　　地　　　址：北京清华大学学研大厦 A 座　　　　　　　邮　　编：100084
　　　　社 总 机：010-83470000　　　　　　　　　　　　　　邮　　购：010-62786544
　　　　投稿与读者服务：010-62776969，c-service@tup.tsinghua.edu.cn
　　　　质量反馈：010-62772015，zhiliang@tup.tsinghua.edu.cn
印 装 者：三河市龙大印装有限公司
经　　销：全国新华书店
开　　本：185mm×260mm　　　印　　张：8.5　　　字　　数：173 千字
版　　次：2018 年 8 月第 1 版　　2023 年 5 月第 2 版　　印　　次：2024 年 12 月第 2 次印刷
定　　价：55.00 元

产品编号：100124-01

第二版前言

设计是一门艺术语言，手绘通过设计体现其价值，依靠简单的工具使我们的手和大脑充分活跃起来。手绘具有创造力、表现力，把一闪而过的灵感表现在画面上，记录生活中的点点滴滴，从而积累更多、更好的创意。

党的二十大报告指出："推进文化自信自强，铸就社会主义文化新辉煌。"效果图的表现从最初的简单描绘，已经发展为文化与技巧相融合的一种独特的绘画形式，但无论效果图的表现形式如何变化、手段和技法如何演进，设计方案的反映和传达都需要成熟的技巧、动感的线条、完美的构图、精美的画面和强烈的艺术感染力。

手绘赋予艺术语言最自然的灵气、最本质的纯粹、最原始的生命力，是情感与理念的视觉传递。无论是"艺术"还是"技术"，都是设计师的必修基础课。效果图表现是一门多学科综合运用的课程，学习者不仅需要具备良好的美学基础和扎实的绘画能力，而且需要了解形式美的基本法则，具备标准制图的能力，更需要掌握市场的前沿动态，与时俱进，时刻引领时尚，表现新潮流。

面对职业教育类型化发展的新机遇，本版更新了书中示意图片及作品欣赏图片，使之更适合新时代职业教育学生的教学需求，同时更新了部分文字描述。本书针对环境艺术设计类的初学者，将手绘设计人员的表现要求与实践训练相融合，达到学习与应用相结合的目标。在学习过程中，初学者要培养图像的表达能力与空间的思维能力，多看、多想、多实践，在实践中积累设计经验，接受新的艺术形式，不断创新。用设计来升华手绘的表现，用手绘表现来促进设计思想的表达。

本书由孙凤玲、薛欢担任主编。感谢张跃华、胡少杰、程跃、邹杰等老师为本书提供了大量的个人原创手绘作品。本书在编写过程中还参考了其他文献资料，在此一并表示诚挚的感谢。由于编者水平有限，不足之处在所难免，望广大读者批评、指正。

孙凤玲

2023 年 2 月

目　录

1　基础篇　001

1.1　基础理论 001
    1.1.1　基本概念 001
    1.1.2　学习方法 002
1.2　钢笔表现技法 004
    1.2.1　钢笔画 004
    1.2.2　钢笔画基本技法 004
1.3　室内常用透视表现技法 017
    1.3.1　透视图的基本术语 017
    1.3.2　一点透视（平行透视） 017
    1.3.3　两点透视（成角透视） 019
    1.3.4　一点斜透视 023

2　技法篇　032

2.1　工具与材料 032
    2.1.1　笔 032
    2.1.2　马克笔 032
    2.1.3　纸张 033
2.2　基本渲染技法 034
2.3　室内装饰材料表现技法 037
    2.3.1　木质材料的表现 037
    2.3.2　石材的表现 039
    2.3.3　不锈钢、玻璃、洁具的表现 041
    2.3.4　纺织物品的表现 042
    2.3.5　绿色植物的表现 045

2.3.6 灯具的表现 046

2.3.7 装饰品的表现 047

2.4 家具组合表现 050

2.5 室内空间表现 061

3 应用篇   066

3.1 卧室的着色表现 066

3.2 客厅的着色表现 071

3.3 餐厅的着色表现 075

3.4 书房的着色表现 076

3.5 卫浴的着色表现 077

3.6 厨房的着色表现 081

4 提升篇   084

4.1 方案综合设计 084

4.2 作品欣赏 092

参考文献   130

1 基 础 篇

1.1 基础理论

1.1.1 基本概念

效果图是指设计者通过运用一定的绘画工具和表现方法来构思主题、表达设计意图的一种创作方法。它被广泛应用于建筑设计、工业设计、视觉传达、服装设计等艺术设计领域。

效果图通常以较完整的绘画表现形式准确地表达设计者的设计思路，从而使其能在以后的具体实施与制作过程中得以实现与运用，是设计过程中不可或缺的重要组成部分（图1-1）。效果图是设计者表达其设计意图最直接的手段和形式。首先，效果图传达设计的宗旨，反映设计的内涵，合理运用表现技法组织画面，使其完成设计方案意境的表达，

❖ 图 1-1

传达空间创造的思想。其次，效果图通过表现技法，将设计作品在二维空间的图纸上三维立体地表达出来，可以很直观地表现设计内容，使其可以顺利地得到实施与制作。此外，设计者可以借助效果图向建筑单位、业主、用户直接推荐和介绍设计意图，参与工程招标、设计竞赛等活动，具有较强的成果展示作用。

1.1.2　学习方法

效果图表现是一门多学科综合运用的课程。该课程的学习不仅需要初学者具备良好的美学基础和扎实的绘画能力，了解形式美的基本法则，具备一定的标准制图能力，还需要掌握市场前沿动态，与时俱进，时刻引领设计、表现新潮流。

该课程属于实践性较强的课程，仅依据基本理论、技法要领进行一般的练习是不够的，想要得心应手地把设计作品完整、自信地表达出来，需要做到眼勤、手勤、脑勤三勤。

在学习过程中，用眼记录所看、用手记录所想、用脑记录所悟，使自己的眼、手、脑得到同步训练，可以是整幅图的表现，也可以是局部表现，这样才能得心应手，有深度、有效果，全面提高自身的设计水平（图 1-2～图 1-4）。

❖图　1-2

❖ 图 1-3

❖ 图 1-4

1.2 钢笔表现技法

1.2.1 钢笔画

钢笔画在表现形式上是指用单一颜色来塑造形象，属于素描的一种。

钢笔画最早出现在欧洲的建筑庭院设计图稿中，目前也是设计师常用的表达方法之一。钢笔画笔调清劲、轮廓分明，绘画工具简单，便于携带，绘制方便，可以随时练习、写生、记录，甚至在工地上也可以勾画设计，有其他方法无法与之媲美的便捷快速的特点。钢笔画能快速记录思维、组织分析画面效果、改进设计方案，是表达设计师设计灵感最直接的绘画方法之一（图 1-5）。

❖图 1-5

1.2.2 钢笔画基本技法

1. 点的技法

点分为规则形状的点和不规则形状的点。点的表现形式有局限性，可以用来表现细腻光滑的质感，或者在上色调时与线条穿插使用，以丰富画面的效果（图 1-6）。

❖ 图 1-6

2. 线的技法

线是一幅钢笔画的灵魂，钢笔画主要靠线条的曲直、粗细、刚柔、轻重等变化来组成各种风格的画面。

快线——画线时，用笔肯定，干净利落，起笔和收笔稍作停顿，画出较为明显的起点和终点，做到有头有尾。

慢线——也可称为"抖线"，画出的效果像波纹。它是一种带有思考性的线条，表现要沉稳、保持力度均匀，线条尽可能拉长一些。初学者不要过于刻意地表达抖动的感觉。

弧线——运笔速度均匀，下笔肯定，控制线条的长度，不宜过长，线条两头重，中间轻，表达出圆滑的效果，并且尝试不同方向的画法。

钢笔的点和线表现技法的训练目的是提高对点和线条的控制能力，熟练运用点与线条的不同形式与组合，构成画面的明暗色调，形成层次丰富的画面效果，更好地表现物体的材质与装饰感（图 1-7～图 1-19）。

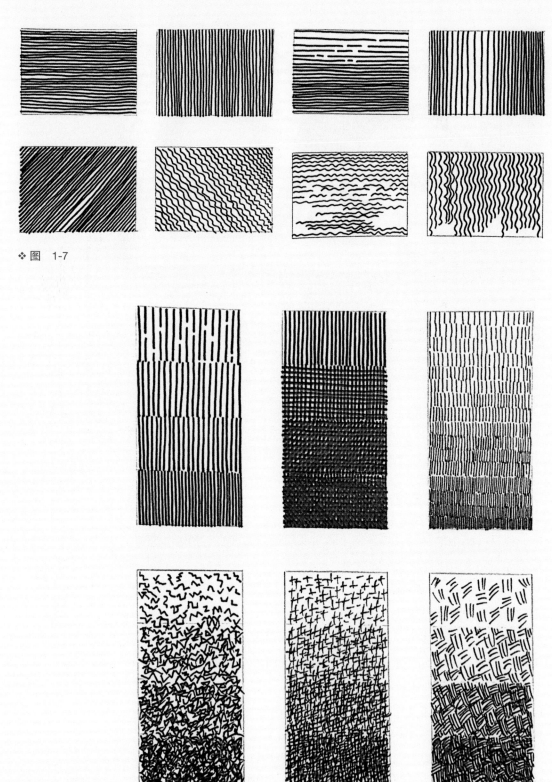

❖ 图 1-7

❖ 图 1-8

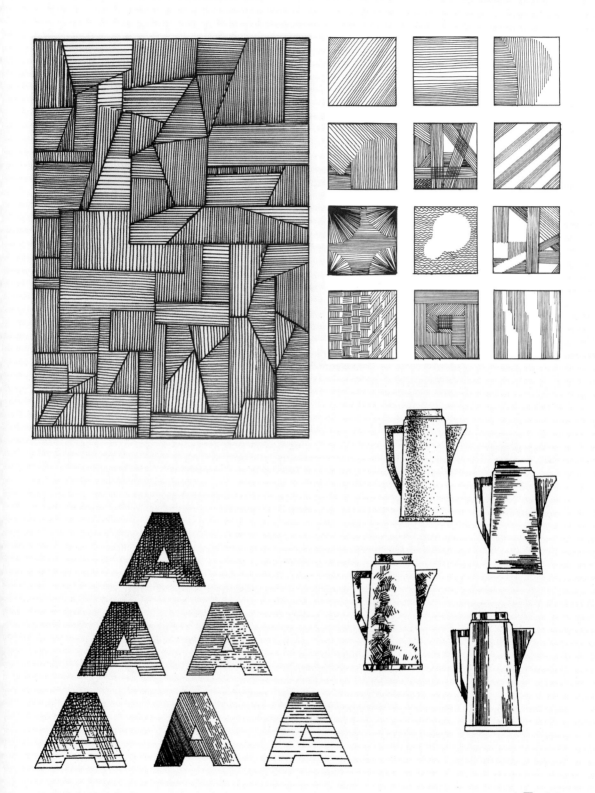

❖ 图 1-10

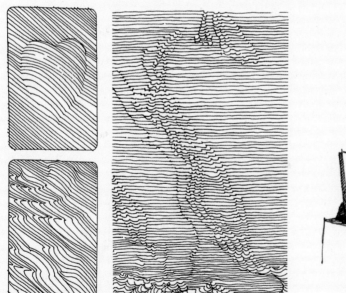

❖ 图 1-11

图 1-13

图1-14

图 1-15

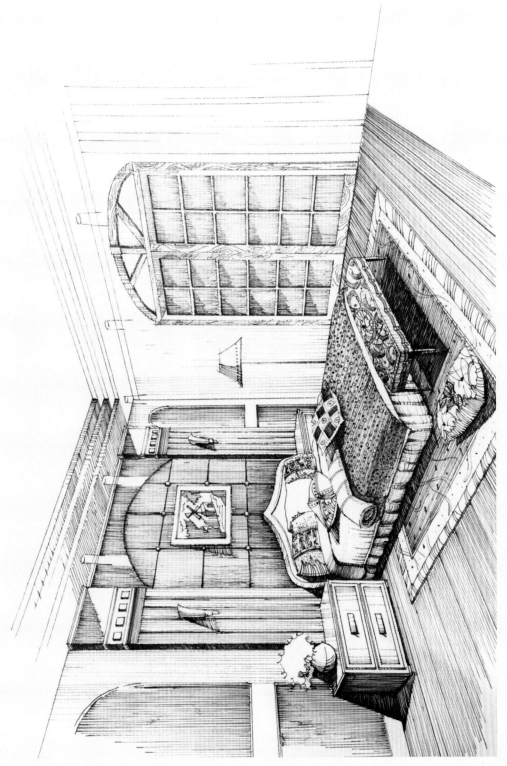

1-16

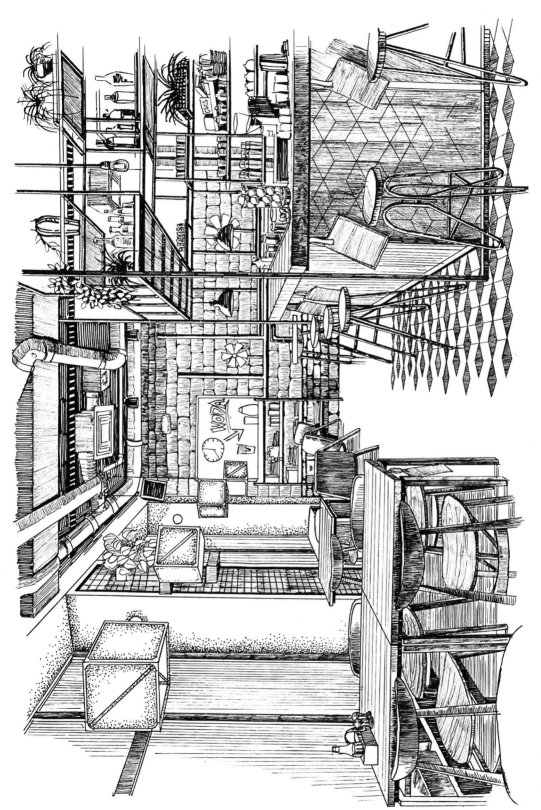

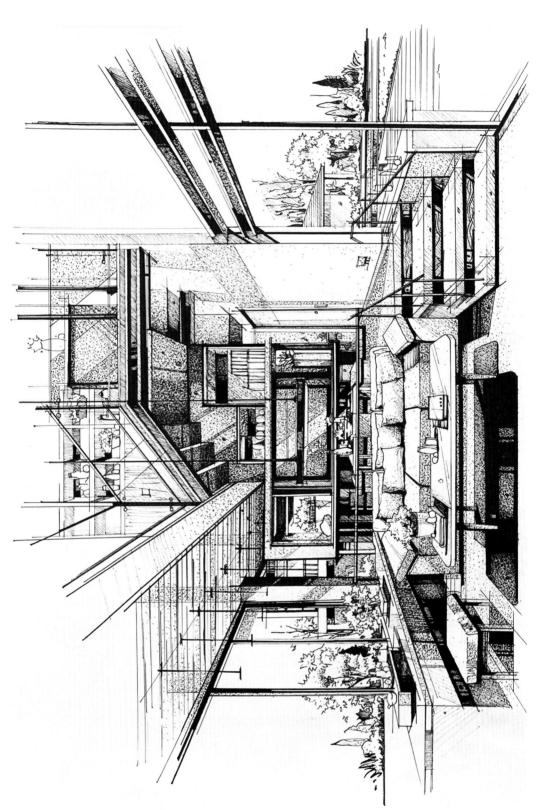

1.3 室内常用透视表现技法

准确的透视是绘制效果图的关键，透视的基本比例尺寸和结构关系应与方案设计内容一致。确保画面主体形象透视关系的准确性是对效果图最基本的要求。

透视的角度选择十分重要，根据设计表现内容选择合理的透视角度，才能更好地体现设计意图。

1.3.1 透视图的基本术语

透视图主要有以下基本术语。

视平线（HL）——人眼睛向远处观察时形成的水平高度线。

视点（EP）——人眼睛的位置。

心点（CV）——视点在画面上的投影点。

基准线（GL）——物体放置的面与地平面的分界线。

灭点（VP）——也称消失点，不与画面平行的线向远处汇集在视平线上的点。

测点（M）——透视图中物体进深的测量点，也称量点。

真高线——物体空间真实高度的尺寸线。

1.3.2 一点透视（平行透视）

室内空间的一面与画面平行，其他线条汇集于视平线的一点，与心点重合。一点透视具有稳定的画面效果且绘制简单，所表现的空间大，纵深感强，适合表现大场景；缺点是缺乏层次感和生动感，可以通过色彩和笔触来调节画面氛围。

一点透视的步骤如下（内透）（图 1-20）。

（1）按照比例确定与画面平行的面，即正立面墙。

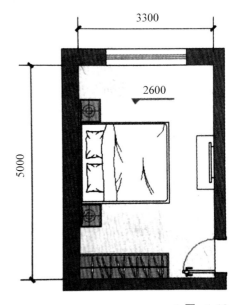

❖ 图 1-20

（2）确定视平线、心点、视点。视平线可高可低，可以根据绘制要求进行调整。一般情况下，视平线定在正立面墙的中心偏上，心点定于正立面墙中的视平线中心偏左或偏右均可，视点定于视平线与画纸的边缘（图1-21）。

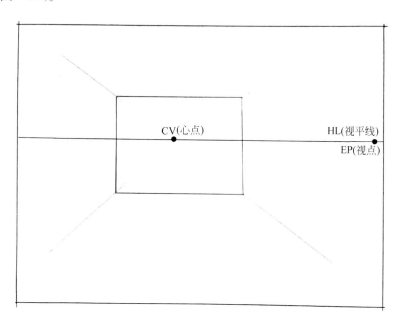

❖图　1-21

（3）确定进深基准线。延长正立面墙地面线即为进深基准线，也就是室内进深的真实尺寸线。基准线上的点与视点相连延长在透视线上的点，就是真实尺寸发生透视以后的尺寸（图1-22）。

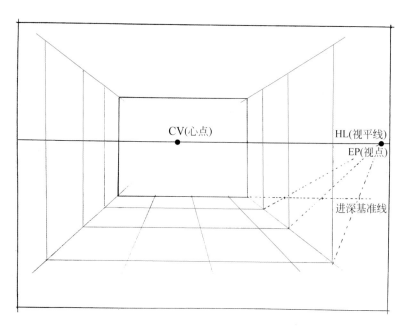

❖图　1-22

（4）确定真高线。室内所在物体的真实尺寸须在真高线上量取，所得的点与心点连接，延长后就是物体发生透视以后的尺寸（图 1-23）。

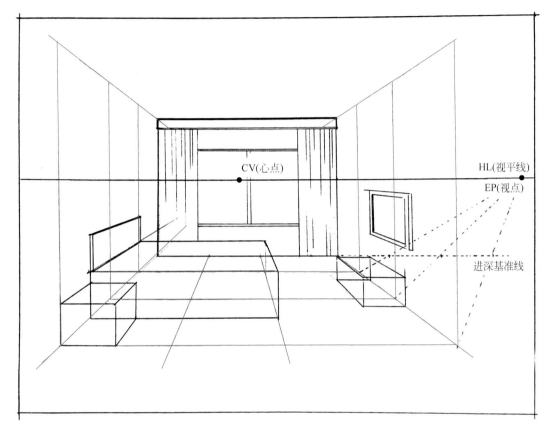

❖ 图　1-23

1.3.3　两点透视（成角透视）

绘图者视线与室内空间和物体成夹角，画面中所有与视线平行的直线分别向左右汇集消失在视平线上的灭点。两点透视的画面效果生动自由，适于表现小范围空间或局部空间，但常会有透视变形的情况出现，需要绘图者灵活运用，虚化处理边角空间与物体。

两点透视的步骤如下（内透）。

（1）确定真高线。确定所表现空间左右空间的视线夹角高度线，即真高线。一般情况下，真高线的位置定在画纸的黄金分割点上，左右空间比为 5∶8，也可以根据具体情况进行调整，以满足画面效果。

（2）确定视平线、灭点。视平线可以根据具体情况确定，可高可低，一般情况下，视平线定在真高线的中心偏上。为了满足画面的效果，灭点一般确定在视平线与画纸的边缘（图1-24）。

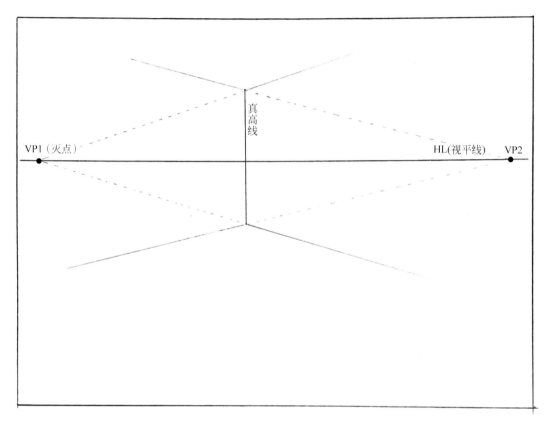

❖ 图 1-24

（3）确定测点。求取测点有以下两种方法。

方法1：找出 VP1 和 VP2 的中心点 C，以点 C 为圆心，C 到 VP1 或 VP2 的距离为半径画弧，交于真高线下部延长线上一点 E，再分别以 VP1 为圆心，VP1 到点 E 的距离为半径画弧，交视平线上的一点为测点 M2；以 VP2 为圆心，VP2 到点 E 的距离为半径画弧，交视平线上的一点为测点 M1。M1 和 M2 即为测点（图1-25）。

方法2：在地面的夹角内任意画一条水平线 ab，取 ab 线段的中心点 c，以点 c 为中心，ca 或 cb 的距离为半径画弧，交真高线下部的延长线上一点 e，以 a 为圆心，ae 为半径画弧，交 ab 线段上一点 m1，以 b 为圆心，be 为半径画弧，交 ab 线段上一点 m2，将 m1 和 m2 分别与真高线的底顶点连接并延长交于视平线于两点 M1、M2，即为所求测点（图1-26）。

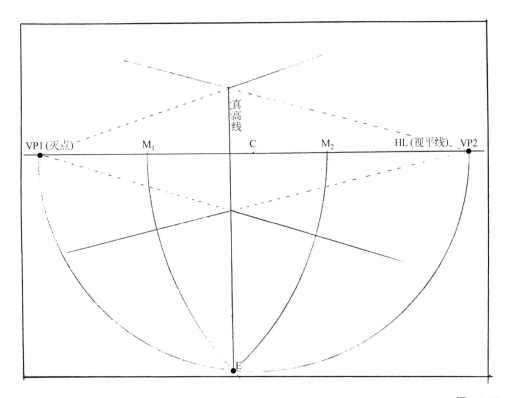

❖ 图 1-25

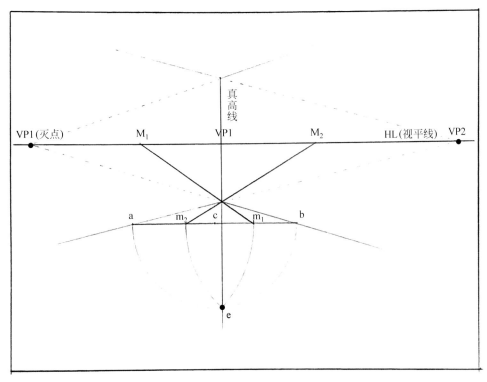

❖ 图 1-26

（4）确定进深基准线。过真高线的底顶点作一条水平线，即为进深基准线。室内物体的真实尺寸均在进深基准线上量取，再与相应的测点连接延长到透视线上，即为该尺寸发生透视后的尺寸关系（图 1-27 和图 1-28）。

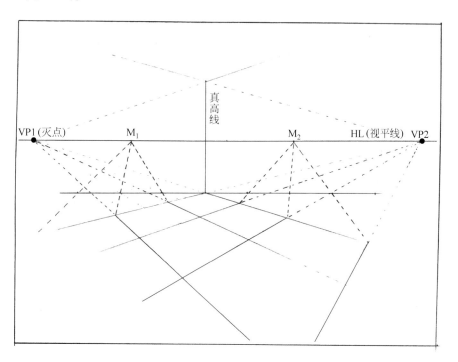

❖ 图 1-27

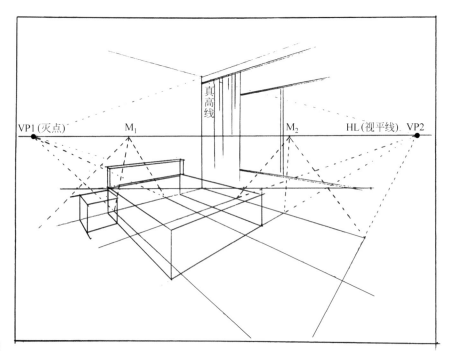

❖ 图 1-28

1.3.4 一点斜透视

　　一点斜透视是在一点透视的基础上延伸出来的一种透视变化。由于观者站立的位置不同而感觉正立面墙发生倾斜变化。

　　一点斜透视与一点透视相比，画面效果更加生动，是手绘表现技法中常用的一种透视类型。

　　一点斜透视的步骤如下（内透）。

　　（1）根据一点透视的作图步骤，绘制出室内的空间关系。

　　（2）根据心点位置，画出发生斜变化的正立面墙（图1-29）。

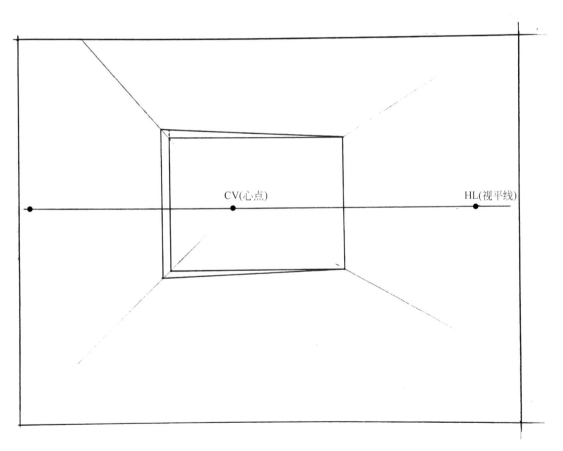

CV(心点)　　　　HL(视平线)

❖ 图 1-29

（3）确定两个视点与两条基准线（图1-30）。

（4）根据比例确定家具陈设的位置（图1-31）。

一点透视作品赏析见图1-32~图1-38。

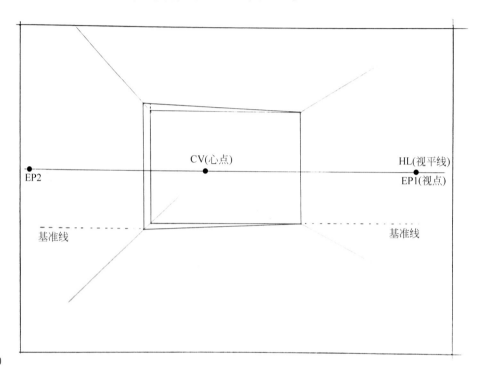

❖ 图 1-30

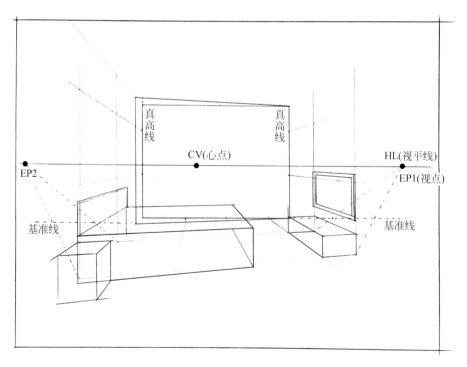

❖ 图 1-31

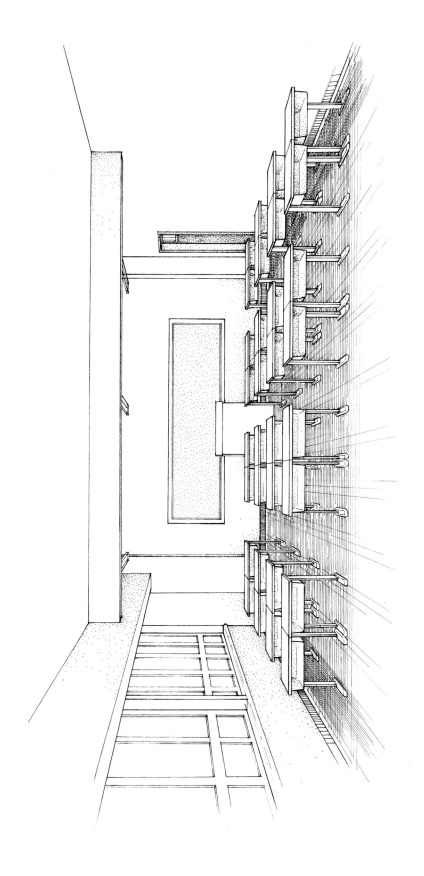

图 1-32

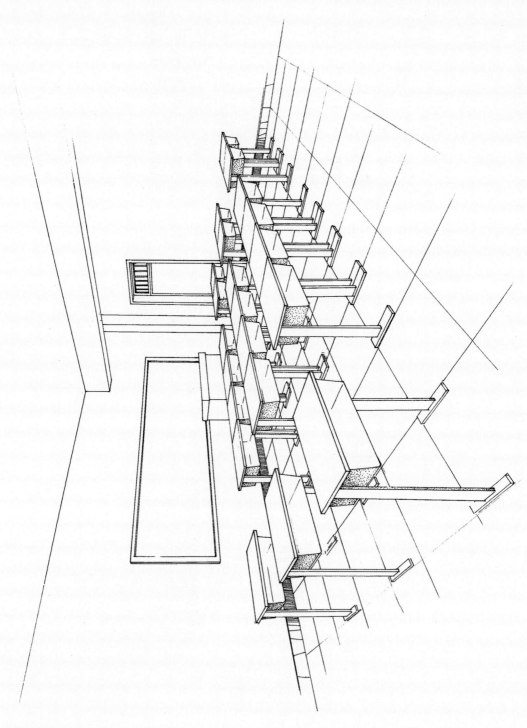

图 1-33

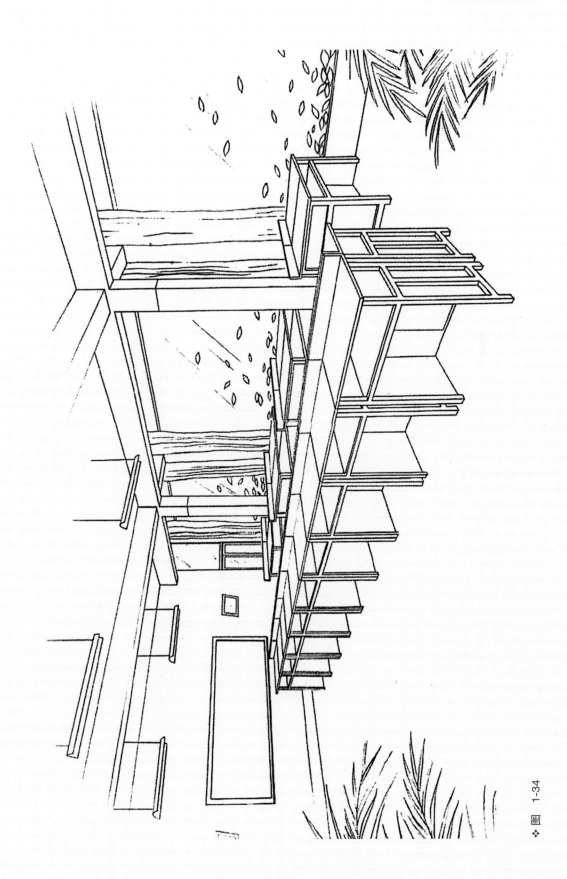

图 1-34

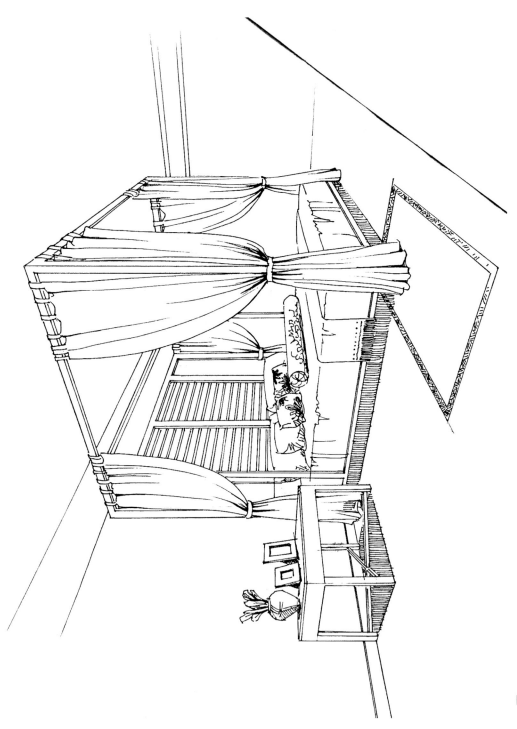

1-35

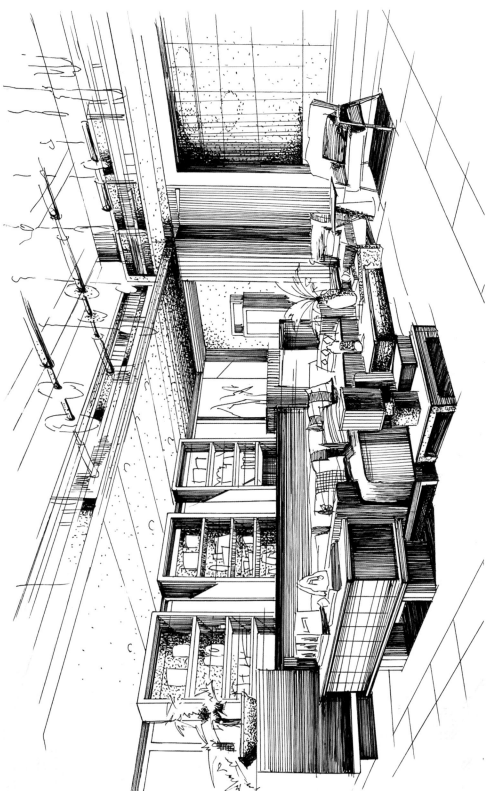

图 1-36

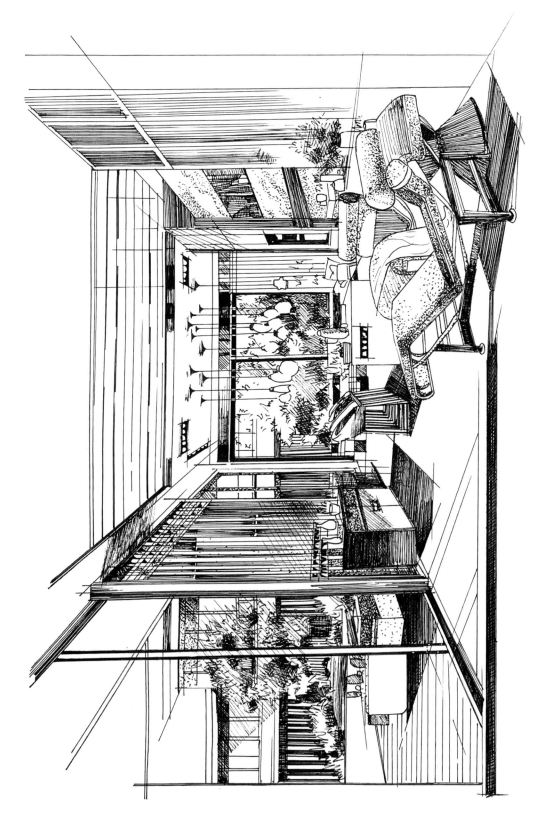

图/1

1-38

2 技法篇

2.1 工具与材料

2.1.1 笔

绘图者可以根据自己的习惯、爱好选择笔，钢笔、书法笔、勾线笔、中性笔等都是不错的选择（图2-1）。

2.1.2 马克笔

马克笔是一种快捷的表现工具，它着色简便、色彩丰富、表现力强、绘图迅速，可以大大提高工作效率。马克笔分为油性马克笔和水性马克笔。油性马克笔色彩丰富，淡雅细腻，柔和含蓄；水性马克笔色彩艳丽，笔触浓郁，透明性极强（图2-2）。

❖ 图 2-1   ❖ 图 2-2

2.1.3　纸张

马克笔用纸十分讲究，不同质地的纸决定了不同的绘画效果。一般选择马克笔专用纸、复印纸、有色卡纸、牛皮纸等。

初学者一般选择油性马克笔，最好是笔的两侧有不同形状粗细的笔头。

冷灰系列由浅到深选择 4~6 支，可用于大面积铺色（图 2-3）。

❖ 图　2-3

暖灰系列由浅到深选择 4~6 支，可用于大面积铺色（图 2-4）。

❖ 图　2-4

蓝灰系列由浅到深选择 3~5 支，可用于绘制玻璃与地面（图 2-5）。

❖ 图　2-5

木色系列由浅到深选择 6~8 支，可用于绘制木色家具或木地板（图 2-6）。

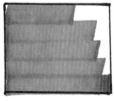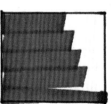

❖ 图　2-6

绿色系列由浅到深选择 2~4 支，可用于绘制绿色植物（图 2-7）。

❖ 图 2-7

其他颜色选择若干，可用于绘制织物或装饰品等（图 2-8）。

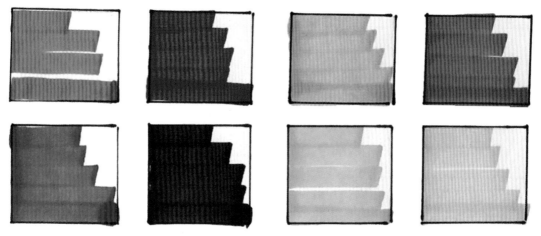

❖ 图 2-8

注意： 不要选择过于鲜艳或有荧光效果的颜色。

2.2 基本渲染技法

马克笔可以表现出平涂、叠加、退晕的效果。用马克笔平和快速地运笔，尽量一笔接一笔不重复，可以产生平涂的效果。笔触的衔接重叠运笔可以产生叠加效果。用不同类的马克笔叠加运笔，可以得到丰富多彩的颜色。用颜色相近的马克笔平涂色块，可以产生退晕的效果。用笔触的宽窄变化与间隔变化不仅能产生退晕的效果，而且可以更好地将马克笔的特性表现出来（图 2-9 和图 2-10）。

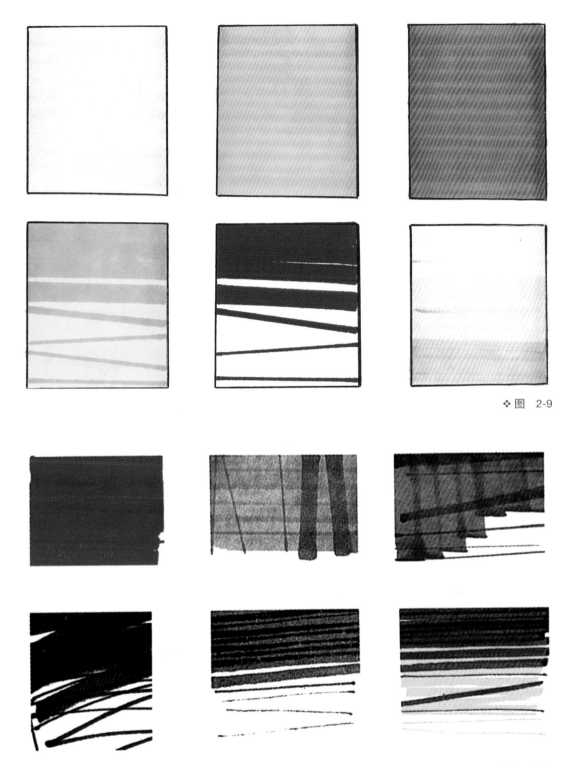

❖ 图 2-9

❖ 图 2-10

马克笔造型单色练习见图 2-11。

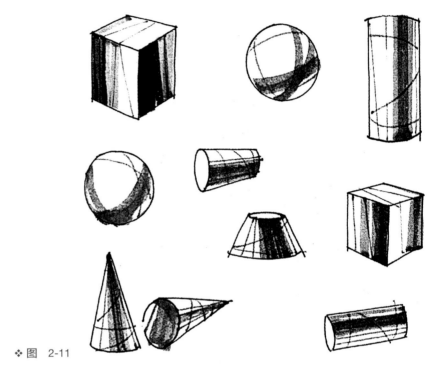

❖图 2-11

马克笔造型复色练习见图 2-12。

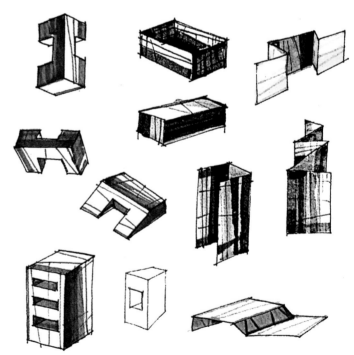

❖图 2-12

2.3 室内装饰材料表现技法

2.3.1 木质材料的表现

　　木质材料按色泽的不同大体可分为偏红类、偏黄类、偏深褐色等。在表现形式上把其基本色相表现出来即可，不宜过细地刻画木质纹理。

　　木地板表现见图 2-13~ 图 2-15。

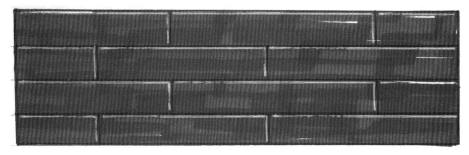

❖ 图 2-13

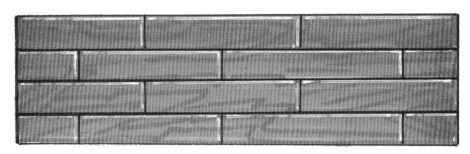

❖ 图 2-14

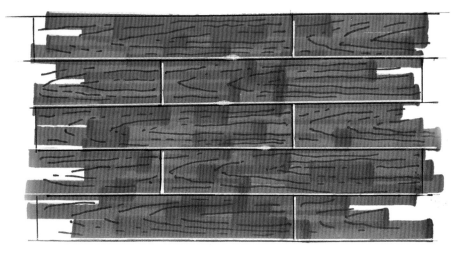

❖ 图 2-15

木质装饰墙的表现见图 2-16。

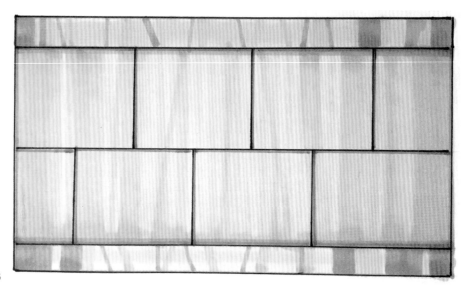

❖ 图 2-16

木门的表现见图 2-17 和图 2-18。

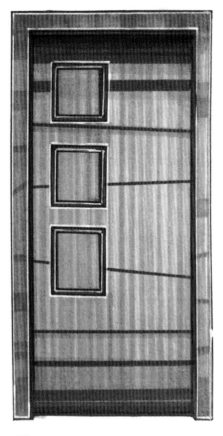

❖ 图 2-17

❖ 图 2-18

2.3.2　石材的表现

　　常见的石材种类有白色类、黄色类、红色类、蓝色类、深色类等。石材花色繁多，种类齐全，自然纹理优美。在表现形式上，用笔应干净利落，力求真实地再现整体色相，注意光对其明暗变化的影响。

　　地砖表现见图 2-19~ 图 2-21。

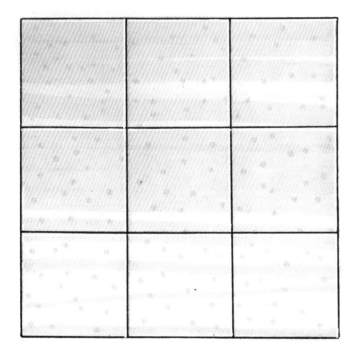

❖ 图　2-19

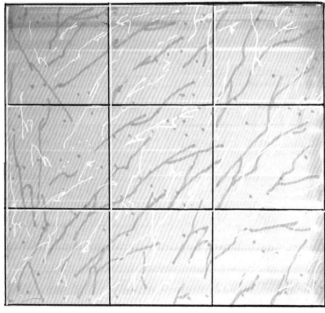

❖ 图　2-20

❖ 图 2-21

文化石表现见图 2-22 和图 2-23。

❖ 图 2-22

❖ 图 2-23

2.3.3 不锈钢、玻璃、洁具的表现

洁具大都是不锈钢材质或浅色瓷质材料，这类材质在表现形式上需用浅色暖色和浅色冷灰色进行着色，着色时要明确区分受光部分与背光部分（图 2-24 ~ 图 2-26 ）。

❖图 2-24

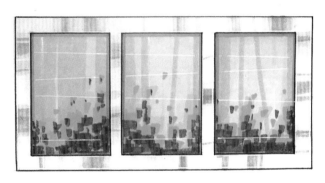

❖图 2-25

❖图 2-26

2.3.4　纺织物品的表现

　　纺织物属于软装饰的一种，可以有效地调节空间色彩与环境气氛。表现时用笔要轻松、活泼、随意，同时要注意褶皱处的明暗刻画。

　　窗帘的表现见图 2-27~ 图 2-31。

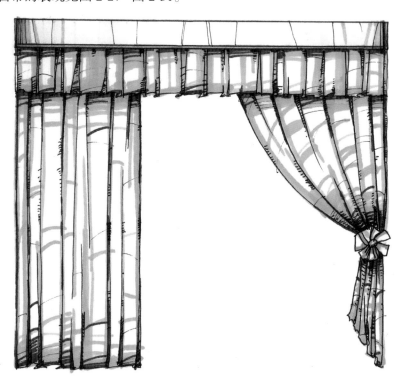

❖图　2-27

❖图　2-28

❖ 图 2-29

❖ 图 2-30

❖ 图 2-31

靠垫的表现见图 2-32。

❖ 图 2-32

地毯的表现见图 2-33。

❖ 图 2-33

2.3.5　绿色植物的表现

　　住宅或办公场所经常会摆放一些绿色植物，在调节画面的构图和生动感方面作用很大。在表现时，要注意植物的外形特征及结构特点，枝叶安排疏密要得当，姿态要自然，用笔要流畅（图2-34~图2-36）。

❖ 图　2-34

❖ 图　2-35

❖ 图　2-36

2.3.6　灯具的表现

　　灯具可以塑造空间环境意境，强化艺术气氛，突出重点。在表现时，需注意灯光的明暗变化，适当地描绘一些设计细节，可使造型简单的灯具更加精致（图 2-37）。

❖ 图　2-37

2.3.7 装饰品的表现

在表现桌面时，桌面摆放一些精致的器皿，画面会显得丰富，气氛会更生动、更活泼。表现时，用简练概括的笔触突出物品的明暗关系即可（图 2-38～图 2-40）。

❖ 图　2-38

❖ 图 2-39

❖ 图 2-40

2.4　家具组合表现

　　家具组合表现是室内表现图中的主体部分，家具的造型、排列、色彩对整幅效果图的效果有决定性的作用。在表现时，要统一光源，分析各部分的受光面、背光面、投影、倒影。笔触变化要统一，必须跟着形体的结构运笔。运笔要大胆、肯定、流畅。纺织物品可采用弧线运笔（图 2-41~图 2-54）。

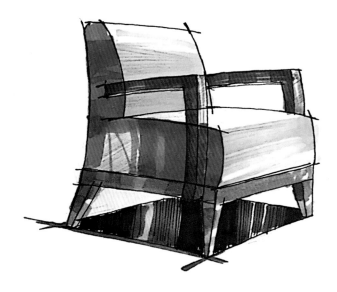

❖ 图　2-41

❖ 图　2-42

❖ 图 2-43

❖ 图 2-44

❖图 2-45

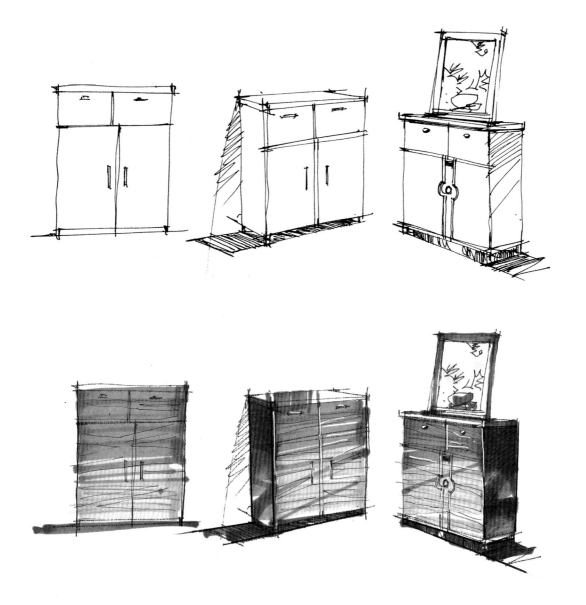

❖ 图 2-47

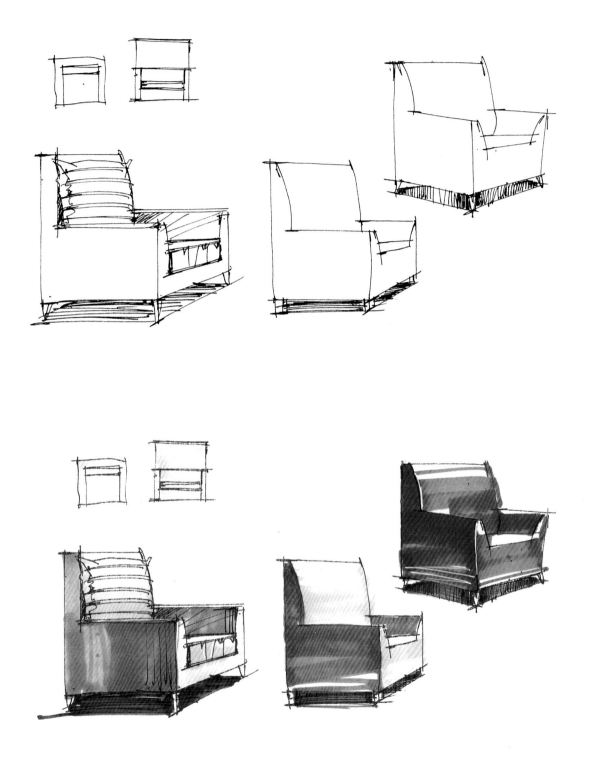

❖ 图 2-48

❖ 图 2-49

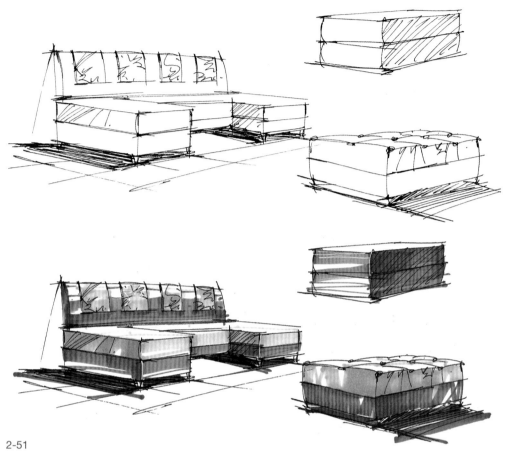

❖ 图 2-51

❖ 图 2-52

❖ 图 2-53

❖ 图 2-54

2.5 室内空间表现

室内空间表现中，画面表现的重点有以下几个方面。

（1）选取最佳角度，反映设计的重点内容和特点。

（2）正确表现空间、界面、家具、陈设之间的比例尺寸和色彩关系。

（3）注意表现材料的不同质感及对比效果。

（4）对照明、绿化气氛的表现，也是对设计风格的体现。

室内空间中，直面墙空间在室内表现中的运用最为普遍。在表现时，运用笔触退晕形式体现出近深远淡或远深近淡，表现出前后空间的变化（图 2-55～图 2-60）。

❖ 图 2-55

❖ 图 2-56

❖ 图 2-57

❖图 2-58

❖图 2-59

室内空间中，曲面墙以弧形墙为主，着重刻画墙面的透视效果。曲面、弧形的表现一般两端颜色较重，中间较亮，颜色过渡要均匀，并注意处理好素描关系（图 2-61）。

3 应 用 篇

3.1 卧室的着色表现

第一步：选择要表现的空间角度，由地面开始，勾画出所有物体在地面的方位与面积。注意画面构图的平衡性（图3-1）。

第二步：在垂直方向建立起立方体，注意每一个家具陈设的大小比例关系，相互对比，随时调整（图3-2）。

第三步：在立方体的基础上，切割出家具的造型特征，不断完善透视线稿，加入细节，丰富画面。注意床上用品线条的流畅性和褶皱关系的处理（图3-3）。

❖ 图 3-1

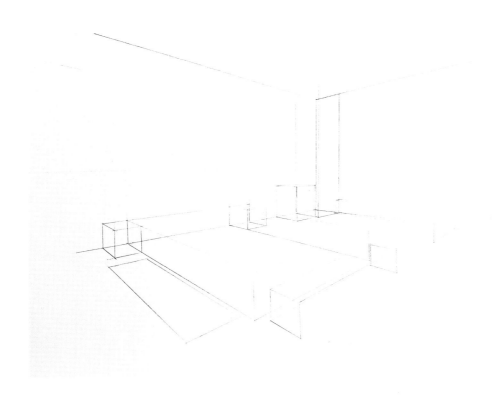

❖ 图　3-2

❖ 图　3-3

第四步：用灰色系表现出空间的进深关系与物体的素描关系，确定画面的整体明暗关系（图 3-4）。

❖ 图 3-4

第五步：涂色，渲染空间气氛，表现物体的材质与色彩关系。注意马克笔笔触的走向要与物体透视关系相一致（图 3-5）。

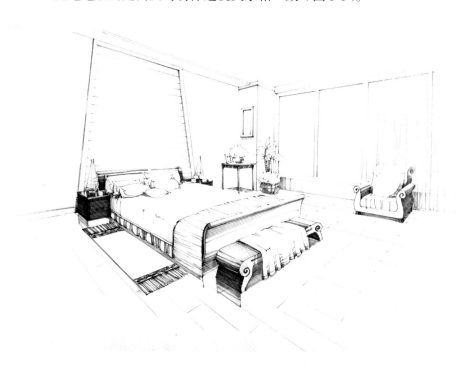

❖ 图 3-5

第六步：调整画面，加强空间与物体的对比关系，尤其需要加重暗部、投影和倒影的关系（图 3-6~图 3-8）。

❖ 图 3-6

❖ 图 3-7

3.2 客厅的着色表现

第一步：根据平面图选择适合表现空间氛围的透视角度与透视类型，按照透视原则，在地面上勾画出所有物体的底面位置与各物体之间的相互关系。

第二步：将每一个物体在垂直方向建立起立方体，通过比较，快速画出物体的大小比例关系，并根据构图适当地进行调整（图3-9）。

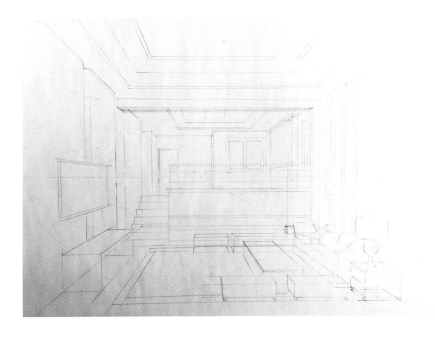

❖ 图 3-9

第三步：刻画出每一个物体的造型特征，尤其是主要物体的细节部分。可以通过钢笔线条的辅助处理，不断完善透视线稿，丰富画面。注意线条的软硬质感表现（图3-10）。

第四步：选择灰色系刻画出空间物体的黑白灰关系，表现出整体空间的深浅关系（图3-11）。

第五步：铺出大体的画面色彩，刻画出物体的材质与色彩关系。着重处理物体发生转折的地方以及物体与物体相交的部分。马克笔的笔触表现要有长短、轻重的变化，以丰富画面的层次感（图3-12）。

第六步：整体调整画面的明暗关系与色彩关系，加强空间的虚实变化（图3-13）。

❖ 图 3-10

❖ 图 3-11

3-13

3.3 餐厅的着色表现

第一步：绘制出准确的透视线稿图。注意画面构图与每一个物体的比例关系。

第二步：根据光影和空间色调选择相应的灰色系，应用退晕的表现技法刻画出画面的空间关系。

第三步：将室内空间环境关系、家具陈设的色调、材料质感表现出来，笔触要富有表现力，色彩要统一。

第四步：对画面整体关系作统一的调整，加强暗部，以更好地渲染空间氛围（图 3-14）。

❖图 3-14

3.4 书房的着色表现

第一步：在设计构思成熟后，用铅笔起稿，每一部分结构都要表现清楚。物体的透视和比例关系要准确。

第二步：先考虑画面整体色调，从视觉中心着手，详细刻画，注意物体的质感表现、光影表现和笔触的深浅变化。

第三步：调整画面平衡度和疏密关系，注意物体色彩的变化，加强画面的整体明暗对比关系（图 3-15）。

❖ 图 3-15

3.5 卫浴的着色表现

第一步：用铅笔按透视规律快速准确地完成线稿。要求透视准确，形体结构表现完整（图3-16）。

第二步：铺出大体色调，按照物体的远近和叠放关系，从里向外，从上到下逐步刻画。

❖ 图 3-16

第三步：进一步进行细节刻画，尤其注意笔触的方向性与变化性
（图 3-17）。

❖ 图　3-17

　　第四步：调整画面的整体色调，增强光感和质感的表现，以及空间
的明暗对比关系（图 3-18）。

图 3-19 为卫浴的着色作品。

3.6 厨房的着色表现

第一步：起轮廓，定概貌。要求透视准确，线条均匀、流畅，构图平衡，画面干净整洁（图 3-20）。

❖ 图 3-20

第二步：铺底色，定关系。确定画面的整体色调和色彩的冷暖关系，处理好空间与物体的素描关系（图 3-21）。

第三步：细刻画，求统一。对画面的层次、物体、材料质感作进一步的描绘，落笔准确，避免反复涂抹。

第四步：加强对比。调整空间关系和整体关系的协调性。加强暗部、投影和倒影的关系和笔触的变化关系（图 3-22）。

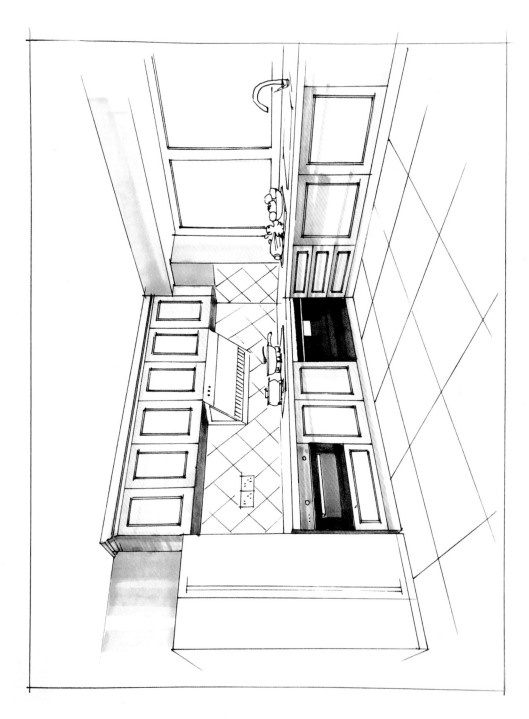

3-21

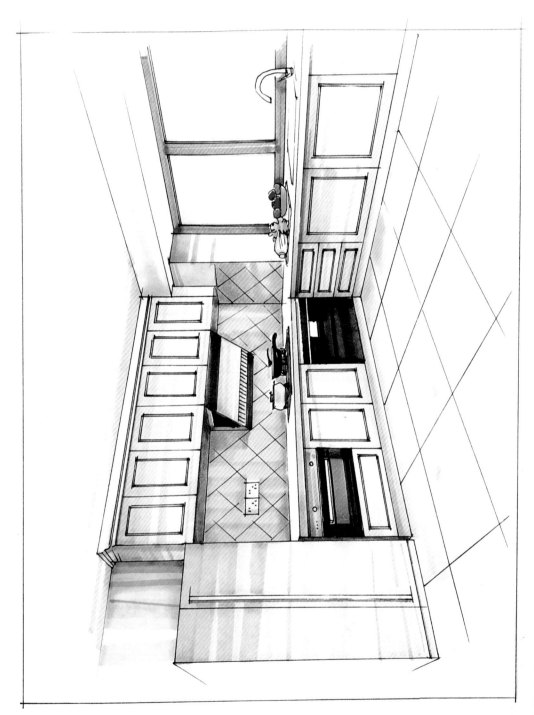

3-22

4 提升篇

4.1 方案综合设计

　　方案综合设计主要是指针对具体的设计方案进行效果图的表现。与分项训练不同，方案综合设计没有具体的参考图例，需要综合设计知识、透视知识、色彩知识和基本的马克笔使用技法共同完成。方案综合设计也是学习手绘效果技法的最高阶段。

　　在具体的训练中，学生要根据所画的平面图慎重选取角度勾画透视，再根据所设计的风格选取相应格调的家具加以配合，最后，在着色时，颜色要与整体格调一致。需要注意的是，在同一个设计中，如果描绘不同的角度或房间，要注意每一张图纸中的家具样式、装修材质、织物色调等相互呼应，这样才能不将设计和表现分裂开，使最终的设计完整、统一（图 4-1~图 4-16）。

❖图　4-1

❖ 图 4-2

❖ 图 4-3

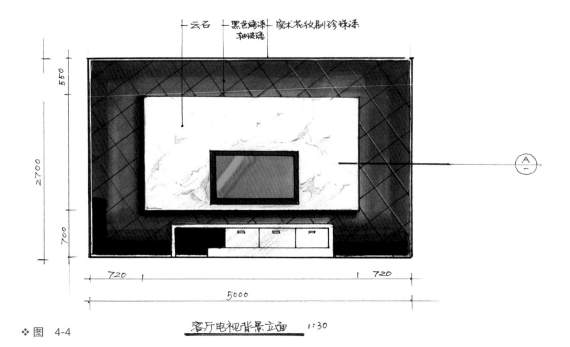

❖ 图 4-4

客厅电视背景立面 1:30

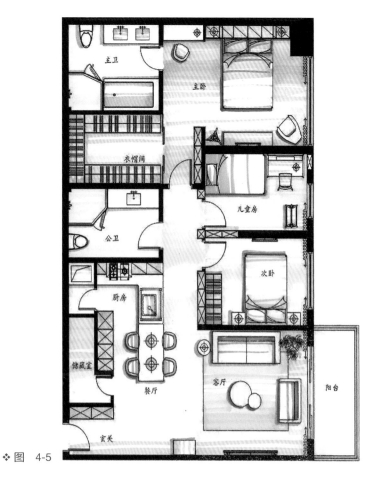

❖ 图 4-5

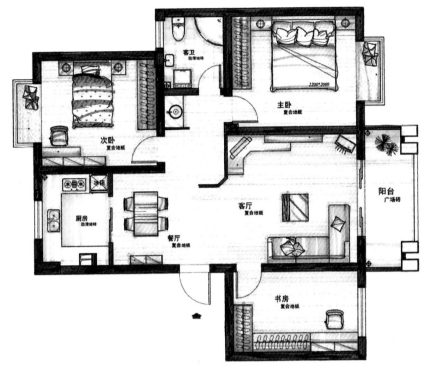

❖ 图 4-6

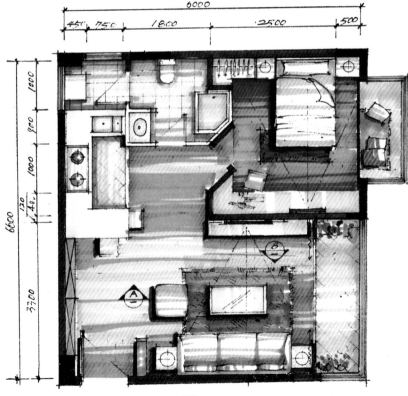

❖ 图 4-7

❖ 图 4-8

平面市置图 1:80

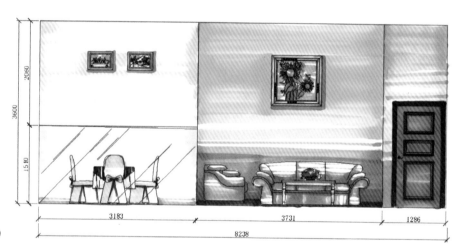

❖ 图 4-9

❖ 图 4-10

A 立面图 1:25

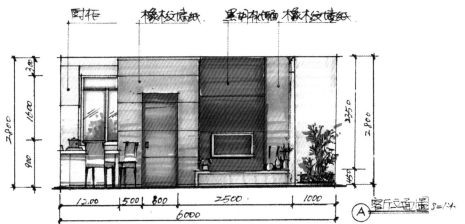

鞋柜　　橡木纹墙纸　　黑胡桃饰面　橡木纹墙纸

❖ 图 4-11

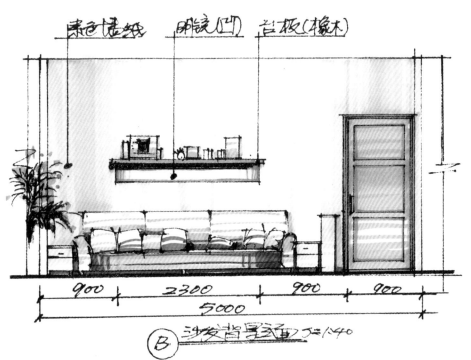

素色墙纸　　明镜(凹)　台板(橡木)

❖ 图 4-12

❖ 图 4-13

❖ 图 4-14

❖ 图 4-15

图 4-16

4.2 作品欣赏

　　效果图的表现技法多种多样，初学者应在掌握基本技法的基础上，应通过大量的临摹和设计表现实践，找到属于个人特色的表现风格。要达到这一水平，观摩大量优秀的手绘效果图是必不可少的。每一幅优秀作品都有吸引人的部分，或是透视角度漂亮，或是色彩搭配精到，或是落笔笔触帅气，应该从不同风格的优秀作品中撷取营养来充实自己（图 4-17~ 图 4-55）。

❖ 图 4-17

图 4-18

图 4-19

图 4-21

4-22

4-23

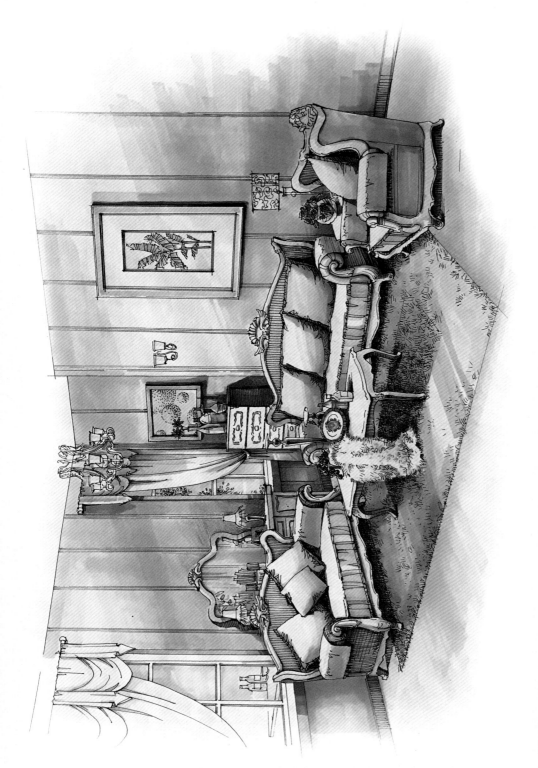

4-24

图 4-25

图 4-26

图 4-27

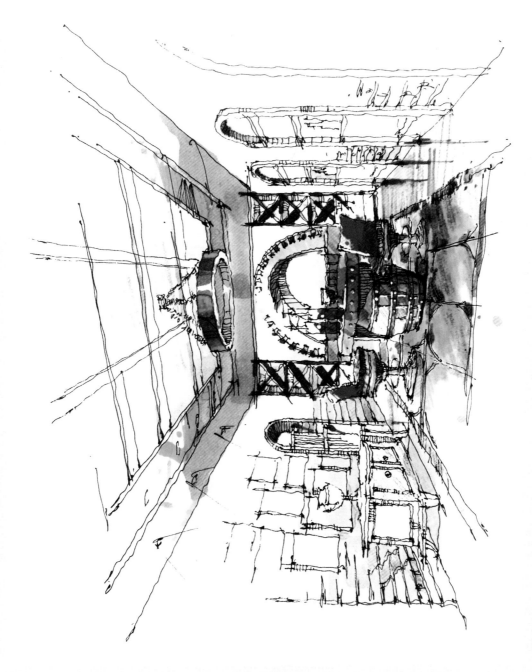

4-28

4-30

图 4-31

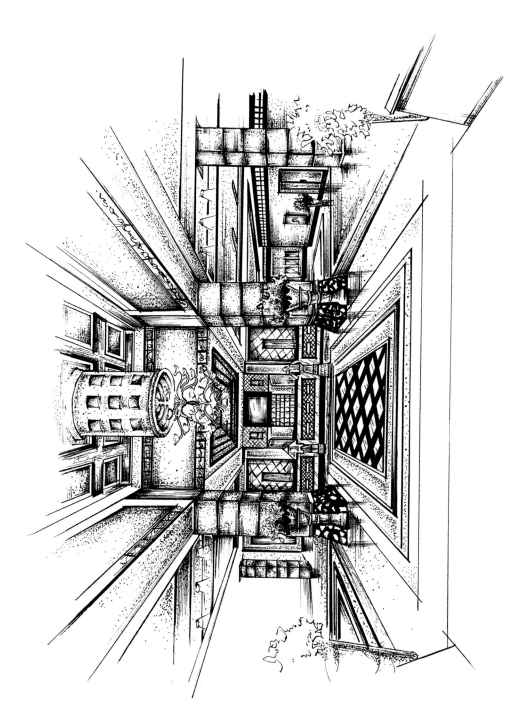

4-32

❖ 图 4-34

图 4-35

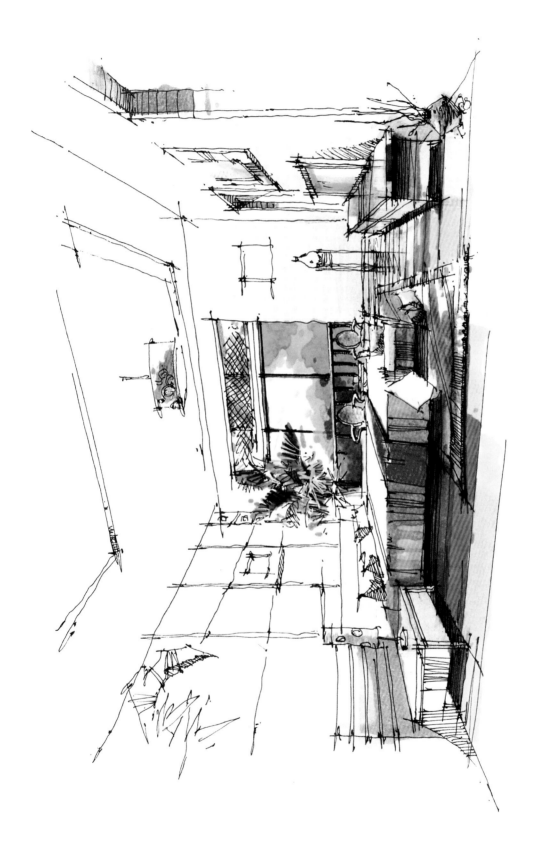

图 4-36

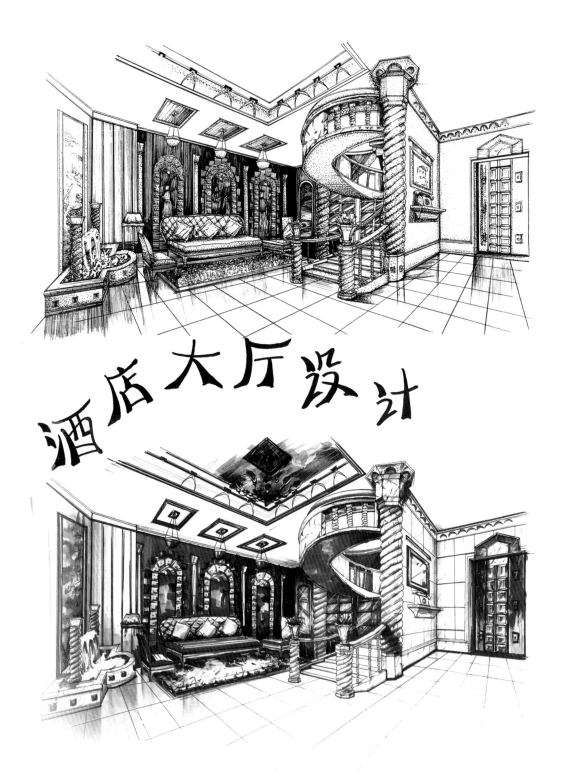

❖ 图 4-37

❖ 图 4-38

餐厅设计图

4-40

咖啡厅设计⑧

图 4-41

4-42

图 4-43

4-44

篮球场方案设计

图4-46

❖ 图 4-49

❖ 图 4-50

起居室设计

❖ 图 4-51

起居室设计

❖ 图 4-52

❖ 图　4-53

客厅设计

❖ 图 4-54

❖ 图 4-55

参 考 文 献

[1] 张跃华 . 效果图表现技法 [M]. 北京：东方出版社，2008.

[2] 胡艮环 . 室内表现教程 [M]. 杭州：中国美术学院出版社，2010.

[3] 张屏 . 快速表现教程 [M]. 北京：中国青年出版社，2011.